生命樹上的一家人

文／林大利（特有生物研究保育中心助理研究員）

　　地球上大約有870萬種生物，我們人類是其中之一。無比巨大的恐龍曾經在這裡漫步，即使滅絕了仍舊魅力無窮；而那極其渺小的病毒，卻存在感十足，總令人聞風喪膽、避之唯恐不及。生物出現在地球上，經歷了億萬年來的演化，成為我們現在眼前所見的繽紛世界，讓地球變得熱鬧活絡。而且，這一切都還沒停下腳步，這些生物，也包括我們，還會再繼續隨著時間演變，甚至變成截然不同的全新生物。

　　這本看似無厘頭的小書，要告訴你一件重要的事：地球上所有的生物都是一家人。即便是外表和我們天差地遠的香蕉，竟然也有25%的「相似度」！這裡的相似度來自生物細胞深處，緊緊包裹在細胞核裡面的遺傳密碼——基因。

　　英文有26個字母，而基因只有4+1個，分別是A、T、C、G，有時候還有U。經過數萬甚至數億組基因字母的排列組合，就能寫出每一種生物的「組裝說明書」，科學家將其稱之為「基因組」。這份說明書就像是料理食譜一樣，生物細胞一邊看著食譜一邊做菜，運用各式各樣的分子和原子，把自己料理成生物現有的樣貌。而這本書所提到的相似度，就是各種生物之間，這份用基因字母寫成的「組裝說明書」的相似程度。

　　許多種生物的組裝說明書之中有很高的相似度，例如你和香蕉，一個是動物、一個是植物，組裝說明書居然有25%是一樣的，意思是每四句話就有一句話完全相同。這是因為我們都來自於共同的祖先，是生命演化史上的一家人。那麼不難想像，隨著演化關係越接近，相似度就越高。書裡舉了很多例子，閱讀前不妨先猜猜看，你和果蠅、雞、乳牛和貓的相似度是多少？

　　其中，最為相似的黑猩猩，牠和你的相似度甚至高達99%！但也就是這個1%的差異，決定了你們一個是人類、一個是黑猩猩。更特別的是，地球上每一種生物間，沒有完全一模一樣的組裝說明書。你的那一份，就是宇宙中獨一無二的一份。從以前、現在到未來，因為爸爸和媽媽給你的這一份專屬說明書，讓你在世界上顯得如此無可取代。生命可以很特別，也可以很普通，不妨擁抱地球上的多元，探索生物的共通點。最後你會發現，地球上的一切，就是一個互依互存、異中存同、同中存異的繽紛生命體。

你的基因食譜幾乎和其他人類一模一樣。

在你的食譜書中，也就是每一千組基因食譜當中，

只有那麼一點點足以讓**你**……與眾不同！

你的基因食譜有

99.9%

和全世界的人類一樣！

嗯⋯⋯你的100組基因食譜中，將近有99組和黑猩猩一樣。

然而，每一組基因食譜都包含數千條指令，

讓你不會變成黑猩猩。

黑猩猩的基因食譜有

99% 和你一樣！

牠們會交朋友、大笑、玩耍，和我們沒什麼分別。

可是，黑猩猩不會說話，而且大多用雙手雙腳著地走路。

我們和牠們一樣嗎？

貓和獅子也有許多相同的基因。
不過，貓會發出咕嚕聲，不會吼叫；
而獅子會吼叫，不會發出咕嚕聲。

貓的基因食譜有

90% 和你一樣！

這可能是我們都喜歡爬樹的原因。

乳牛的基因食譜有

80%

和你一樣！

牠們用母奶哺餵小牛，就和人類一樣。

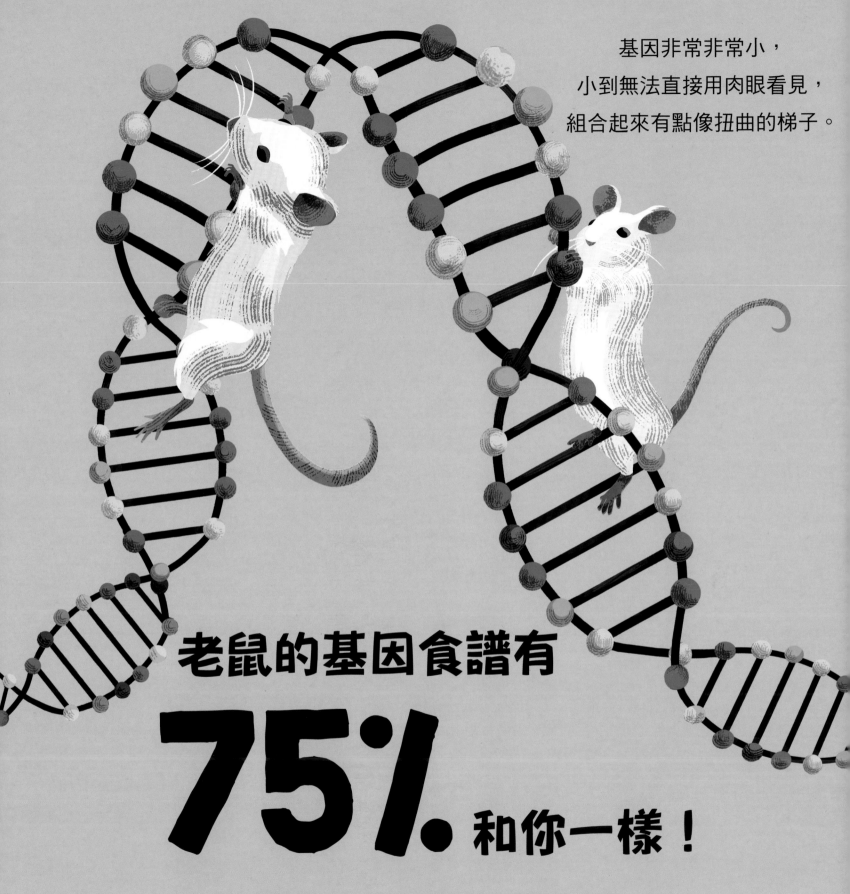

基因非常非常小，
小到無法直接用肉眼看見，
組合起來有點像扭曲的梯子。

老鼠的基因食譜有

75% 和你一樣！

人類具有和老鼠一樣控制尾巴生長的基因，
但是人類的那組基因在出生之前就「關掉了」。

雞是和恐龍親緣關係最近的生物之一，
幸好雞的基因食譜沒有讓牠們的牙齒
長得和暴龍一樣。

雞的基因食譜有

60%

和你一樣！

你的手臂肌肉和
雞揮動翅膀的肌肉非常相似。

研究果蠅在太空中的反應，
可以幫助我們了解太空旅行對人體的影響。

果蠅的基因食譜有

60%

和你一樣！

沒錯！在牠們的食譜書中，
每100份食譜就有60份和你的一樣。

因為果蠅有許多基因和人類一樣，
甚至被指派前往太空執行任務。

所以我們都是一家人。

可是你看起來比較像小雞或小老鼠嗎？

讓我們來看看其他動物的基因和你有多相似……

你和水仙花、小狗都有親緣關係，
甚至和**糞金龜**也有！

地球上的所有生物都源自於相同的生物家族，我們之所以知道，
是因為所有的食譜都是用相同的四個字母密碼寫成的，分別是A、T、C、G。

你和鯊魚一樣，

有長牙齒的基因。

事實上，你的牙齒和鯊魚的一樣堅固，
只不過你一生只會使用兩套牙齒，
而鯊魚可以長出更多更多。

你和海豚一樣，

有會動腦的基因。

海豚懂得解決問題、學習技巧和
辨認鏡子中的自己，就和你一樣。

你和小鳥一樣，
有**會唱歌**的基因。

人類、鳴禽和鸚鵡都有類似的基因，
幫助我們學習新的聲音和曲調。

大白鯊差不多有
25,000 組基因。

大貓熊約有
21,000 組基因。

章魚約略有
30,000 組基因。

即便是竹子，也有約
32,000 組基因。

然而，食譜書裡的**基因越多**，並不全然表示功能越多；

有時候只是同樣的食譜不斷的重複再重複。

你有**數以千計組**的基因，

但是，**稻米**有更多組。

你的基因食譜大約有**25,000**組基因。

小小的稻米大約有**36,000**組基因。

白頭海鵰大概有 **15,000**組基因。

蘋果則有超過 **56,000**組基因。

向日葵大約有 **52,000**組基因。

不過，也有少數的老虎是白色的，
還有一雙藍眼睛。

有些基因食譜比起其他的
基因食譜來得**強勢**，

這也是為什麼某些顏色的頭髮和眼睛
比較常見的原因。

舉例來說，
有著褐色眼睛的人遠比藍色眼睛的人多；
而大多數的老虎是橘紅色的，
配上一雙琥珀色的眼睛。

基因會做很多、很多工作，
並指揮身體各個部位如何運作和發育。

你的基因有一半來自爸爸，
另一半則來自媽媽。

也就是說，
你是爸爸和媽媽的**魔法結合物**。

基因就像是

將**你**製造出來的食譜。

它們主宰你的髮色、
你的腿（還有脖子）有多長……
以及決定你會長出一雙腳或是一根樹幹。

所有生物，包括水果和人，
都有內建的**食譜**，稱之為**基因**。

用來製造人類的食譜書，裡頭大約有四分之一和製造香蕉的食譜相同。

沒錯！在你的基因中，
大約有**25%**和
這種軟軟的水果擁有相同的基因。

你是一根香蕉嗎？

除非你有黃色的香蕉皮，配上卡士達醬還會變得非常美味。

但是，翻開香蕉的**基因食譜**，

你會發現香蕉比你想像得

更像你……

驚人發現！
你的基因有

25%
和香蕉一樣

文／蘇西·布魯克斯　圖／喬希·布羅格斯

譯／林大利

文／**蘇西·布魯克斯**（Susie Brooks）

英國插畫與版畫家，擁有藝術史學位與插畫暨多重學科版畫碩士學位。從事童書編輯和寫作十餘年，編寫過許多兒童知識圖畫書，同時也是位專業藝術家，常在世界各地旅行時，尋找特殊非凡的事物。工作室在英格蘭威爾特郡，提供作品給英國出版社、藝廊、設計師和圖片代理商，並不定期開設兒童版畫班。

圖／**喬希·布羅格斯**（Josy Bloggs）

擁有英國哈德斯菲爾德大學空間設計碩士學位。喜歡使用圖像和色彩配置來創造具影響力的插圖，圖像和空間設計的基礎塑造了她的藝術風格。繪圖和設計之餘，喜歡帶著狗在約克郡的鄉村散步或騎自行車。

譯／**林大利**

特有生物研究保育中心助理研究員、澳洲昆士蘭大學生物科學系博士生。主要研究野生動物和牠們的棲地。是個龜毛的書蟲，認為龜毛是探索世界的美德。譯作有《向大自然借點子：看科學家、設計師和工程師如何從自然中獲得啟發，運用仿生學創造科技生活》和《地球之書：探索地球的運作、生命演化、多樣生態系和人類活動的影響》（皆為小熊出版）。